AF461570

THÉORIE

de

LA GELÉE BLANCHE

et moyen pratique

D'EN PRÉSERVER LA VIGNE

par Aug. PLESSY

Greffier de Paix

Aide-toi, le Ciel t'aidera !

PRIX : 75 CENT.

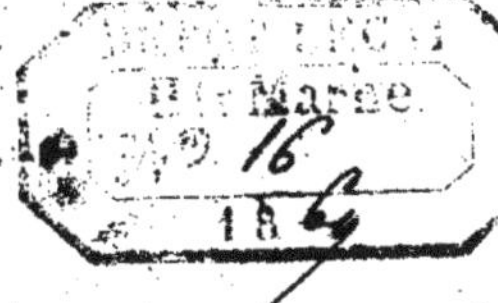

JOINVILLE

P. HENRIOT, IMPRIMEUR

1870

AUX VIGNERONS

A mesure que les besoins de la vie augmentent, il faut bien en convenir, depuis quelques années surtout, vos récoltes diminuent ; et si les gelées, cause unique du malaise général de nos contrées, continuaient à détruire vos seules ressources, elles amèneraient inévitablement votre ruine.

Cependant, vous êtes dans la société une des classes les plus utiles et les plus laborieuses, partant une des plus intéressantes.

Il est donc opportun de chercher un remède au redoutable fléau de la gelée, afin d'en atténuer au moins les désastreux effets.

C'est ce que nous avons voulu faire en publiant cette brochure. Nous serons largement récompensé de nos recherches, si, en faisant disparaître vos souffrances, ce modeste travail peut ramener le bien-être et l'abondance dans vos familles.

AVANT-PROPOS

Né dans un pays vignoble de la Haute-Marne, nous avons pu constater, en le déplorant, le mal immense que cause la gelée, presque chaque année, dans notre département et surtout dans nos localités.

Ordinairement deux ou trois matinées consécutives d'avril ou de mai suffisent pour enlever au vigneron tout espoir de récolte; car, les raisins qui repoussent ne payent pas même les frais de main-d'œuvre.

On s'est depuis longtemps demandé s'il n'était pas possible de conjurer le fléau, et l'on a essayé de bien des moyens pour arriver à cet heureux résultat.

Les uns ont employé la mousse et la paille; d'autres ont fabriqué des cornets en papier verni.

Ces abris, placés sur les ceps, les garantissent, il est vrai; mais disons que ces procédés, si excellents qu'ils soient, ne peuvent s'étendre à toute une exploitation même médiocre. Le temps que nécessite un pareil travail permettrait à peine de les mettre en pratique sur une seule propriété, encore faut-il qu'elle soit d'une contenance relativement petite, et de plus très-voisine de l'habitation.

Plus récemment, on a parlé d'un certain enduit qui avait la vertu de préserver les yeux sur lesquels il était placé; on recommandait d'en couvrir la moitié du cep.

Voici le résultat qu'en espérait obtenir l'inventeur.

En cas de gelée, la sève, se trouvant arrêtée dans les yeux non protégés, montait librement dans ceux enveloppés par l'enduit; mais comme son adhérence était peu solide, cette sorte de graisse, chassée par une sève vigoureuse, était soulevée facilement, de manière que les bourgeons garantis profitaient à eux seuls de toute la vie du sujet.

S'il ne gelait pas, le liquide nutritif ne trouvait d'issue libre que dans les yeux non cachés qui poussaient avec vigueur; les autres, au contraire, recouverts, restaient endormis et ne devaient jamais donner signe de vie. Alors les broches enduites étaient sacrifiées.

L'excès seul de sève peut donc enlever cette enveloppe.

Même en acceptant sans contrôle les dires de l'inventeur, on voit que cette méthode, qu'il gèle ou non, fait périr ou laisse languir moitié des bourgeons du cep.

Il faut croire que ce procédé dont quelques personnes ont essayé, n'a pas parfaitement réussi, puisqu'il est aujourd'hui abandonné par tous ceux qui l'avaient d'abord regardé comme un bienfait pour le vigneron.

Dans nos contrées où la vigne n'est pas plantée en rayons, et où le vin, quoique d'assez bonne qualité, est d'un prix relativement peu élevé, on ne peut non plus employer le moyen conseillé par le docteur Jules Guyot, dans son ouvrage de la ***Culture de la vigne et vinification***.

Il consiste à couvrir les lignes de cépages de paillassons d'une certaine dimension, ainsi disposés : d'un bout ils posent à terre et s'appuient de l'autre sur de grands échalas. Ils sont penchés sur les ceps, sous un angle déterminé, au moyen de fils de fer, de telle sorte qu'en les préservant de la gelée, ils ne leur interceptent ni la chaleur, ni l'air, ni la lumière.

L'auteur pose les paillassons au commencement de la pousse de la vigne, c'est-à-dire en avril, et les laisse ainsi dans cette position, jusqu'à la fin de mai, quand il juge que la gelée n'est plus à craindre.

Le but que se propose M. Guyot n'est pas seulement de préserver la vigne de la gelée du printemps, au moment de la pousse, mais aussi de la garantir des trois autres fléaux climatériques auxquels elle se trouve accidentellement exposée : 1o les pluies persévérantes et froides de juin à l'époque de la fleur ; 2o la grêle pendant la saison des orages ; 3o enfin, la gelée ou les pluies d'automne quelque temps avant la maturité complète du raisin.

Aussi, laisse-t-il ses paillassons jusqu'après les vendanges; il les relève successivement et à plusieurs reprises dans le cours de l'été, afin de ménager aux raisins toute l'insolation qui leur est nécessaire.

Pour parvenir à ses fins, M. Guyot n'impose pas un excédant de dépenses moindre de 500 fr. par an et par hectare (*soit près de 19 journées de nos pays*) ; il promet, il est vrai, une récolte double et de meilleure qualité.

Si aux frais ordinaires de culture et d'entretien, nos vignes avaient à supporter un surcroît aussi élevé de déboursés, il est aisé de voir, qu'en raison des bas prix de nos vins, cette manière d'opérer, non-seulement ne serait en aucune façon rémunératrice, mais deviendrait, pour le producteur, ruineuse au premier chef. Aussi n'en conseille-t-il la pratique que pour les vignes plantées en rayons et dont le vin a une valeur supérieure à trente francs l'hectolitre.

Nous avons encore à parler de certains autres moyens que nous appellerons *échappatoires* et dont se servent depuis quelques années déjà les *malins* de notre vignoble : ils *épluchent* pendant l'hiver, c'est-à-dire qu'ils coupent en janvier et février les brindilles inutiles de tous les ceps ; ils ne réservent sur chacun que deux maîtresses branches.

Quand vient l'époque de la végétation, ces dernières profitent seules de la sève qui de sa nature tend toujours à monter. Il en résulte que les yeux des extrémités de ces branches grossissent rapidement, tandis que ceux situés près de la souche ne se sont pas encore soulevés. Par ce procédé, si, pour tailler les broches ménagées, le vigneron attend que la saison des gelées soit passée, il est certain qu'il préservera quantité de bourgeons.

Quelques personnes parviennent au même résultat par des tailles tardives, mais sans préalablement pratiquer l'*épluchage*.

Ces tailles différées à dessein ont pour effet de *faire pleurer* la vigne : l'écoulement du liquide se produit avec abondance par la plaie, ce qui altère considérablement le sujet.

Aussi, le vigneron intelligent n'emploie pas ce procédé plusieurs années de suite sur la même propriété, et encore choisit-il les terrains forts ; il sait que bientôt sa plantation s'énerverait et péricliterait infailliblement.

Tous ces essais et beaucoup d'autres qu'il serait trop long de rapporter ici, ne sont-ils pas une preuve suffisante que la question qui nous occupe est des plus importantes ?

Jusqu'à ce jour, nous ne croyons pas qu'on ait jamais mis en pratique un procédé efficace pour empêcher dans notre département, qui s'y trouve singulièrement exposé, la gelée de la vigne, cultivée d'après notre méthode.

Celui qui, sans être dispendieux, atteindrait à ce résultat si désiré, y amènerait assurément l'aisance et le bien-être; car, notre vignoble n'a sérieusement à craindre que la calamité dont il s'agit. Le gril, la grêle, le pourri, la coulure, surtout pour le gros gamai, ne se présentent en effet que de loin en loin ; et encore, quand on subit ces fléaux, ne détruisent-ils qu'une petite partie des récoltes : ils laissent toujours au propriétaire suffisamment pour le couvrir de ses frais de culture et le rémunérer médiocrement de ses travaux.

Le grand ennemi à combattre, celui qui chaque année afflige le vigneron, c'est la gelée qui attaque tout ce qui a poussé et ne respecte de la récolte que les quelques yeux de la vigne qui n'ont pas *bougé*, comme on dit vulgairement, et qui sont encore endormis.

Le mal alors est d'autant plus grand que la végétation est plus avancée et que l'année s'était montrée moins fructueuse; une ou deux matinées givrées dans cette double condition, en outre qu'elles détruisent la récolte entière, font aussi périr quantité de ceps.

L'année 1867 n'en laisse-t-elle pas une preuve malheureusement trop frappante pour nos pays?

Sans la gelée,

— Toutes nos vendanges seraient assurées;

— Avec les moyens actuels de transports, nous serions certains de l'écoulement de nos produits, dont la quantité, bon an mal an, serait plus que doublée;

— N'ayant que des raisins de première pousse, leur maturité serait plus complète;

— Le vin aurait conséquemment une qualité meilleure;

— L'argent, devenu plus abondant dans le pays, donnerait à la terre une plus-value qu'il serait peut-être aujourd'hui difficile de déterminer, mais qui *doublerait au moins*;

— La richesse publique augmenterait d'autant par suite de cette plus-value;

— L'abondance des récoltes et le prix rémunérateur qu'on en retirerait, permettraient d'élever la journée de l'ouvrier;

— Les bras, par conséquent, ne quitteraient pas la culture de la vigne;

— La terre, mieux travaillée, n'en rapporterait que davantage;

— L'*emmiélage* ou *avortement* de la vigne, maladie de la sève, produite par les gelées fréquentes, ne ferait plus périr aucun cépage;

— Enfin, nous n'aurions plus à redouter la concurrence des gros vins dits *du Midi*, auxquels nous ne nous habituons que difficilement, et dont les transports à payer sont énormes pour arriver dans nos contrées.

Nous affirmons que tous les avantages ci-dessus énumérés ne sont point exagérés, mais qu'ils sont loin même de représenter complètement le résultat auquel on parviendrait par des récoltes qui seraient constamment préservées de la gelée.

Est-il impossible de trouver un remède à un si grand mal?

Nous ne le croyons pas.

Nous pensons au contraire que la solution du problème est tout entière dans la *fumigation*.

Nous appellons ainsi l'art de faire, avec intelligence, à l'époque de la végétation, dans les nuits froides et sereines, le plus possible de fumée, au dessus des contrées de vignes que l'on veut préserver de la gelée blanche.

Si l'idée n'était dûe qu'à nos simples lumières, qu'à nos recherches personnelles, nous n'oserions en dire un mot au public; mais c'est dans la science même, dans les observations d'hommes compétents que nous l'avons puisée.

Plusieurs publications ont, en effet, consacré divers articles sur le sujet que nous avons à traiter et que nous allons exposer le plus clairement qu'il nous sera possible.

C'est ainsi que M. A. Gaudin, dans le *Siècle* du 16 février 1869, après avoir brièvement donné la théorie de la gelée blanche, engage fortement les vignerons à pratiquer la fumigation comme possédant un haut degré d'efficacité.

Il ajoute même que, depuis quelques années, ce moyen a été employé avec succès dans l'Amérique Méridionale ; mais, que nous sachions, jamais il n'a été même essayé en France.

Nous nous sommes fait une loi de rester dans les limites d'un raisonnement rigoureux, engageant toutefois les personnes qui ne voudront pas nous suivre dans l'exposé de la théorie, à reporter spécialement leur attention sur le résultat de nos expériences qui demeure palpable pour tout le monde.

Nous avons voulu, en reprenant cette idée, qu'elle ne restât pas lettre morte ; mais faire, s'il est possible, profiter notre vignoble d s grands avantages que l'on peut en recueillir.

Voilà pourquoi nous faisons appel à tous les bons propriétaires, à tous ceux qui raisonnent et qui aiment l'humanité, et nous leur disons: « Ne prêtez « pas l'oreille à la routine qui, comme toujours, avec « ses idées préconçues, va crier bien haut contre le « remède proposé ; cherchez plutôt par des expé- « riences réitérées, à trouver le secret qui doit vaincre « la gelée. »

Ce n'est réellement qu'après plusieurs essais faits

successivement sur un même territoire, que l'on arrivera à tirer de la fumée le plus de bien possible.

Puisse ce remède contre la misère, être pris en considération par nos populations vinicoles et n'être pas rejeté par elles, avant même d'en avoir essayé !

Que chacun se rappelle qu'en toutes choses, à côté du mal, la Providence a placé le moyen d'en atténuer les effets !

THÉORIE DE LA GELÉE BLANCHE

Avant d'exposer le moyen qui doit empêcher la gelée, il est indispensable de la définir et d'en déterminer les causes.

Nous voici naturellement arrivé à la partie purement théorique de notre brochure.

La gelée blanche est dûe à la réunion de plusieurs phénomènes météorologiques qui tous, dans une certaine mesure, concourent à sa formation. Pour bien comprendre sa théorie, il devient dès-lors indispensable d'en étudier les principes.

Commençons par l'agent physique qui, répandu dans la nature entière, réchauffe et vivifie tout ; c'est un fluide matériel, impondérable, qui peut pénétrer tous les autres corps et qui fait naître en nous la sensation de la chaleur : on lui donne le nom de *calorique*.

Si un objet quelconque renferme beaucoup de ce fluide, on dit qu'il est chaud ; on le répute froid quand il en contient peu ou qu'il produit sur nos organes un sentiment opposé à la chaleur.

Le froid n'est donc pas un élément et n'a aucune existence qui lui soit inhérente ; ce n'est que l'absence de calorique ou si l'on veut de chaleur, comme la pauvreté est l'absence de richesses, de possession.

Donc un corps n'est froid que relativement à un autre qui est plus chaud ; donc tous sont chauds, mais à des degrés différents.

La température de la terre n'est pas la même sur les divers points de sa surface ; pour l'exprimer, on dit que tous les pays ne sont pas sous le même *climat*.

La latitude, l'élévation, le voisinage des mers sont autant de causes qui modifient considérablement la répartition de la chaleur sur le globe.

Voyons maintenant comment le globe terrestre reçoit sa chaleur et comment aussi il la perd.

Ce double effet est dû à une double cause :

Pendant le jour la terre reçoit des rayons du soleil une quantité de calorique d'autant plus grande que le ciel est plus clair et que ces mêmes rayons tombent plus perpendiculairement.

Ainsi, une des causes qui fait qu'elle s'échauffe plus l'été que l'hiver, dans notre hémisphère, c'est qu'en cette dernière saison, l'inclinaison des rayons solaires est plus grande.

Cette propriété qu'a la terre de recevoir et conserver sur sa croûte une certaine partie de la chaleur qui lui vient du soleil pendant le jour, s'appelle son ***pouvoir absorbant***.

On nomme au contraire ***pouvoir rayonnant***, la propriété qu'a notre planète de *renvoyer* pendant la nuit, vers les espaces célestes, une quantité quelconque de la chaleur qu'elle a reçue du soleil, alors qu'il était au-dessus de l'horizon. Plus l'air est frais, plus le rayonnement est rapide et plus par conséquent la terre perd de calorique.

On conçoit facilement que cette déperdition, qui n'est compensée par aucune source de chaleur, puisse devenir assez grande pour faire descendre la température de la terre au-dessous de zéro : dans ce cas, il gèle. Quelquefois la gelée est blanche : cela arrive au printemps et à l'automne, époques où les nuits étant plus longues et la terre moins échauffée, son refroidissement se trouve plus prolongé.

La gelée alors est précédée de rosée : on appelle ainsi de petites gouttelettes d'eau qu'on aperçoit dans certaines matinées, après des nuits calmes, froides et sans nuages, particulièrement sur les plantes, et en général sur les corps exposés à l'air extérieur et à ciel ouvert.

La gelée blanche n'est donc que de la rosée congelée par suite de l'abaissement de la température au-dessous de zéro.

Cette vapeur, en passant à l'état solide, augmente de volume. (1)

Il en est de même de la sève composée en partie d'eau et qui au printemps est abondante dans les jeunes pousses.

---

(1) On sait que l'eau a son maximum de densité à 4° au-dessus de zéro du thermomètre centigrade.

Cette dilatation ne peut nécessairement avoir lieu qu'en opérant sur la tige ou sur les bourgeons sortis une désorganisation complète des ligaments qui les composent. Tous les conduits séveux sont rompus. Quand vient le soleil, sous l'action duquel la gelée fond, les tissus de la plante, ainsi brisés, ne peuvent plus conduire le liquide nutritif: en quelques heures elle se fane, se flétrit; le mal est sans remède.

Pendant l'hiver, la sève des végétaux est stationnaire; elle est devenue épaisse et comme soudée à l'aubier. L'arbre peut, dans cette saison, supporter de très-grands froids, sans en paraître le moins du monde incommodé.

Les hivers les plus rigoureux, comme celui de 1829, font cependant fendre les arbres sur pied; cela arrive chaque fois que la température baisse assez, pour geler cette même sève perfectionnée appelée *cambium*.

Il peut arriver aussi que ces gelées violentes succèdent sans transition à de grandes fontes de neiges ou à des pluies prolongées; la terre se soulève alors parfois jusqu'à déraciner certains végétaux. Mais par bonheur ces deux cas se présentent rarement dans nos climats tempérés.

Au moment de la végétation, la sève des arbres est au contraire ascendante: son rôle est non-seulement d'entretenir la vie du sujet, mais de le développer, d'allonger, de multiplier ses branches et ses racines, et de lui faire produire feuilles, fleurs et fruits.

L'exubérance de liquide rend les pousses sensibles

au moindre froid; si le thermomètre approche de zéro les plus tendres périssent inévitablement.

Toutes les plantes ne gèlent pas au même degré de froid : malheureusement la vigne est l'un des arbustes les plus frileux.

Ses fleurs, ainsi que celles des arbres en général n'ont pas besoin pour périr, que la température descende au-dessous de zéro.

Une pluie forte, prolongée et froide produit souvent assez d'effet pour empêcher le fruit de *se nouer*.

Les pores du stigmate de la fleur se resserrent sous l'action du froid. Le pollen, entraîné par l'eau des pluies, ne peut dès-lors arriver jusqu'à l'ovaire.

Il en résulte que les fleurs, bien qu'épanouies, ne peuvent être fécondées et restent stériles : on dit qu'elles *coulent*.

Puisque la gelée blanche vient de la rosée, toute cause qui empêchera celle-ci de se former ou qui aura pour effet d'en diminuer considérablement la quantité, éloignera évidemment le fléau. Il devient en conséquence indispensable de donner la théorie qui explique la formation de la vapeur d'eau sur les corps.

Voici comment l'anglais Wells rend compte de ce phénomène :

« Lorsque le ciel est serein et que le soleil a disparu sous l'horizon, la surface du sol ou les corps qui la recouvrent rayonnent vers les hautes régions de l'atmosphère. Comme ils ne reçoivent point de chaleur, leur température descend rapidement.

» Cet abaissement est toujours plus considérable que celui de l'air lui-même dont le pouvoir émissif est beaucoup moindre.

» On a en effet constaté, dans certaines nuits d'avril, qu'un thermomètre, placé sur des plantes marquait trois ou quatre degrés de froid, tandis qu'un autre, situé à un mètre au-dessus du sol, indiquait trois ou quatre degrés de chaleur.

» De là résulte que la couche d'air qui est en contact immédiat avec la surface de la terre, est amenée à une température beaucoup plus basse que les couches plus élevées; (1) et si la vapeur qu'elle contient se trouve en contact avec les corps refroidis, il arrive un moment où elle atteint son point de saturation et même le dépasse un peu: aussitôt commence à la surface de ces corps une condensation de l'humidité atmosphérique sous forme de gouttelettes : c'est la rosée qui apparaît. »

Un ciel sans nuages qui est favorable au refroidissement, l'est par conséquent aussi à la rosée qui doit sa formation, non-seulement au rayonnement nocturne, mais aussi à l'état hygrométrique de l'atmosphère, c'est-à-dire à la plus ou moins grande quantité d'humidité contenue dans l'air.

Il est à remarquer que le vent, selon qu'il est plus ou moins intense, a une très-grande influence sur l'abondance de la rosée : s'il est violent, les couches d'air ne restent pas sur les objets suffisamment de

(1) On sait en effet que s'il gèle alors que des provins n'ont pas encore été couchés en terre, les yeux situés au sommet des branches périssent moins tôt que ceux du bas qui cependant ne sont pas aussi avancés.

Si par exception le contraire arrive, c'est dû à certaines causes qui ne détruisent en rien le principe : telles qu'un courant d'air plus ou moins humide, l'abri d'un paisseau, etc.....

temps pour s'y refroidir : son frottement contre les corps les réchauffe, et ces derniers, qui pouvaient avoir une température inférieure à celle de l'air, la reprennent d'autant plus rapidement que le vent est plus grand.

Quand il est faible, les couches de l'atmosphère chargées ou imprégnées de vapeurs d'eau se renouvellent lentement sur les plantes ; chacune d'elles dépose à son passage une partie de cette humidité ; un certain nombre de ces couches, se succédant l'une à l'autre, suffit pour rendre le dépôt apparent.

S'il gèle de préférence et plus fort dans le fond des vallées, c'est qu'en ces endroits le vent est considérablement abattu par le voisinage des côteaux : aussi remarque-t-on que la rosée y est plus abondante que sur le sommet de ces derniers.

Un vent léger, venant en France du sud-ouest, laisse derrière lui une très-forte rosée : il doit en être ainsi ; car, cet air, qui a passé sur les mers chaudes d'Espagne et de Portugal, arrive chez nous, plus que tous les autres, chargé de vapeurs humides.

Celui du nord-ouest, qui prend naissance dans des régions plus froides, fait conséquemment descendre plus vite la température de la terre ; il en fournit donc une certaine quantité.

Au printemps et à l'automne, et sous notre latitude, ce vent se lève avec le jour et devient à peine sensible au coucher du soleil ; c'est lui qui nous gèle chaque année.

Quelques nuages, pendant la nuit, passent-ils au-dessus de l'horizon? le dépôt de la rosée se trouve subitement arrêté. Ces nuages produisent, sur toutes les plantes, le même effet qu'une maison ou un abri quelconque sur celles qui sont placées sous son ombrage: alors le refroidissement est plus lent et moins fort; car, la chaleur de la terre ne rayonne pas du sol dans l'espace; retenue par ces obstacles, elle est par eux renvoyée vers notre planète.

Divers corps sous l'action d'une même chaleur, ne s'échauffent pas également; ils ne se refroidissent pas non plus uniformément par le rayonnement nocturne.

Ceux qui perdent le plus rapidement leur calorique sont sujets à un plus grand dépôt de rosée: ce sont les feuilles, la terre, les jeunes pousses remplies de sève, etc......

Qu'on n'aille pas croire, d'après cette théorie, que la rosée entraîne fatalement avec elle la gelée blanche. S'il en était ainsi, la culture de la vigne serait devenue impossible et aurait été depuis longtemps abandonnée; ne voit-on pas, en effet, journellement les plantes couvertes de vapeurs d'eau dans les matinées de printemps, d'automne et même d'été, après les pluies ou les orages? Cependant il ne gèle pas.

On peut avancer en principe que pour qu'il y ait rosée, il *faut* et il *suffit* que le ciel, étant parfaitement clair, et l'état hygrométrique de l'air se trouvant assez chargé, la température s'abaisse rapidement; mais pour que le phénomène ait lieu, il n'est pas nécessaire que le thermomètre descende au-dessous de zéro ou même approche de ce degré de froid.

Les causes de la gelée, ainsi établies, ne font-elles pas connaître combien la lune est innocente d'un mal dont cependant elle est fortement accusée d'être l'auteur ? Si elle est encore mise au ban de quelques vignerons, cela est dû à leur seule ignorance.

Bien que les préjugés soient toujours longs à déraciner, ayons confiance qu'on n'imputera plus à l'astre de la nuit, la gelée blanche qui trouve sa cause dans le rayonnement nocturne ainsi que dans l'humidité de l'air, et qu'on ne lui infligera plus désormais comme une insulte l'épithète méprisante de *lune rousse*, qu'on se plaît encore à lui donner aujourd'hui.

Espérons plutôt qu'à l'avenir chacun s'empressera d'unir ses efforts à ceux de tous, afin de travailler ardemment à restituer à la terre et aux bourgeons de la vigne surtout, la chaleur perdue par émission dans l'immensité.

Beaucoup de propriétaires, sans peut-être s'en être parfaitement rendu compte, ont fait diverses observations qui expliquent, jusqu'à l'évidence, les principes qui viennent d'être longuement développés.

Ainsi chacun sait:

1° Que la rosée se forme par un temps clair ;

2° Que le passage pendant la nuit de quelques nuages au-dessus de l'horizon, rendant aux objets ou aux plantes chaleur pour chaleur, suffit pour faire cesser le phénomène ;

3o Qu'il n'y a même pas un commencement de rosée, si le temps est entièrement couvert ;

4o Qu'en conséquence il ne gèle pas blanc ;

5o Que dans ce cas même, et malgré un froid apparent, il n'y a jamais de gelée à redouter.

De tout ce qui précède, et pour nous résumer, il faut donc déduire :

1o Que les nuages font l'office de réflecteurs, c'est-à-dire qu'ils renvoyent vers la terre une plus ou moins grande portion de chaleur, selon qu'ils en reçoivent plus ou moins par le rayonnement nocturne de notre planète ;

2o Qu'alors celle-ci ne se refroidit pas assez rapidement pour que la rosée puisse se former avec abondance ;

3o Et qu'en tous cas, on est certain d'arriver au lever du soleil sans avoir à craindre de gelée blanche et alors que le thermomètre marque encore quelques degrés de chaleur.

MOYEN PRATIQUE
DE PRÉSERVER LA VIGNE
de la gelée blanche

Il nous reste maintenant à parler du procédé qui doit prévenir les accidents résultant des gelées tardives.

Si le lecteur a bien compris ce qui vient d'être dit, il lui sera facile d'induire que, pour empêcher la rosée ou en diminuer la quantité, et conserver à la terre, au lever du soleil, une température au-dessus de zéro, il suffira de trouver un agent quelconque qui, dans les nuits sereines, remplace avantageusement les nuages qui font défaut.

Bien qu'étant arrivé à la partie pratique de notre brochure, il nous paraît cependant nécessaire de démontrer aux vignerons, que ce n'est pas au hasard que nous leur conseillons de se servir de la fumée comme devant être utilement employée.

Nous allons, en conséquence, commencer par expliquer son élévation dans l'atmosphère, mais en appuyant nos dires sur des données scientifiques.

La fumée, ayant ordinairement une densité supérieure à celle des nuages, doit, plus que ces derniers, ***réfléchir*** ou renvoyer vers la terre, une partie de la chaleur, que celle-ci ne cesse de rayonner depuis le coucher du soleil.

L'élévation de la fumée, qui est un corps pesant, a son explication dans le principe d'Archimède, qu'on peut ainsi formuler pour les fluides aériformes :

Tout corps plongé dans un gaz quelconque pesant, y subit une poussée verticale de bas en haut, égale au poids de ce gaz déplacé.

Mais tous les corps obéissent aussi en même temps à la loi de la pesanteur, qui tend à les précipiter de haut en bas vers la terre.

Donc, un corps quelconque, soumis à ces deux forces diamétralement opposées, devra nécessairement prendre la direction de la plus grande, avec une intensité égale à leur différence ; donc il restera en équilibre, si ces mêmes forces sont égales.

Un décimètre cube d'air pesant, ... 1 gr. 3
supposons pour nous faire mieux comprendre, qu'on ouvre dans l'atmosphère le même volume de fumée qui pèserait . . . . 0 gr. 8
cette fumée monterait, soulevée par une poussée de . . . . 0 gr. 5

Si l'on faisait l'expérience avec un litre d'acide carbonique dont le poids est de . . . . 1 gr. 98
celui de l'air étant . . . . 1 gr. 30
ce gaz descendrait, entraîné vers la terre, avec une force de . . . . 0 gr. 68

Enfin, un fluide qui pèserait 1 gr. 3, se tiendrait en équilibre dans l'air ; il ne monterait ni ne descendrait.

En raison même de cette pesanteur de l'air, les couches inférieures de l'atmosphère ont à supporter celles qui sont au-dessus.

Mais, comme tous les gaz, l'air est très-compressible.

Donc, il est plus dense dans les régions voisines de la terre que dans les régions hautes : plus on monte, plus il se raréfie.

Une certaine quantité de fumée, dont le poids spécifique serait un peu inférieur à celui de l'air ambiant, s'élèvera en conséquence dans l'atmosphère, jusqu'à ce qu'elle rencontre une couche qui lui soit égale en densité. Elle y stationnera, y formera une espèce de nuage qui, en vertu de sa force élastique, prendra, dans la suite, un plus grand volume; elle se raréfiera avec le temps, au point de devenir invisible. Quand il fait froid, cette expansibilité de la fumée ne se produit pas aussi vite que par la chaleur, cela est dû surtout à l'abaissement de la température qui la condense et en rapproche les molécules. Celles-ci dès-lors deviennent suffisamment grosses pour paraître à la vue.

Une cave ouverte après une forte gelée laisse, pour la même cause, échapper par la porte un brouillard de molécules humides.

Le même phénomène a lieu encore pendant l'hiver, sur les vapeurs que renvoyent les animaux par leurs organes respiratoires.

Le contraire arrive s'il fait chaud, parce qu'alors le calorique se multiplie dans les vapeurs qui, continuant de se dissoudre, tendent sans cesse à occuper un plus grand volume, elles sont par là rendues invisibles.

D'un autre côté, les régions basses de l'air, ainsi qu'on l'a vu plus haut, se refroidissent rapidement dans les nuits claires; comme les gaz sont, de tous les corps, ceux qui ont le moins de conductibilité, c'est-à-dire qu'ils sont mauvais conducteurs de la chaleur, il s'en suit que les parties plus élevées du ciel ont sensiblement conservé la température qu'elles avaient pendant la radiation solaire; mais, cet air, encore échauffé, est bien moins pesant. De ces deux considérations, on doit évidemment conclure que la fumée restera d'autant plus longtemps condensée et s'élèvera d'autant moins dans l'atmosphère, que le rayonnement sera plus grand et plus rapide, et que partant la nuit sera plus froide.

Dans l'expérience qui nous occupe, la chaleur de la terre rayonnera vers la fumée; celle-ci la renverra à la façon d'une balle élastique qu'on jetterait avec force sur le plancher, qui irait au plafond pour retourner vers le plancher d'où elle est partie, et recommencer un certain nombre de fois. Par suite de ce va-et-vient de la chaleur de la terre à la fumée et de celle-ci à la terre, on pourra arriver au lever du soleil, alors que notre planète, sur les plantes mêmes, aura encore une température au-dessus de zéro. Nous ne verrons dans ce cas que peu ou point de rosée, mais assurément aucune trace de gelée blanche: le but cherché sera atteint.

Mais pour être efficace, il est nécessaire de savoir mettre ce procédé de la fumée à exécution.

Avant tout, il faut dans les nuits où l'on craint la gelée, se réunir un certain nombre de personnes et faire, de distance en distance, des feux dont on tirera le plus possible de fumée.

On pourra employer à cet effet des mauvaises herbes, des racines sèches ayant un peu d'humidité, de la paille mouillée, de la mousse, des genièvres qui seront encore sur le vert, etc..... Peut-être même trouverait-on dans l'industrie une poix ou résine quelconque d'un prix minime, et qui, en brûlant, procurerait de la fumée des plus épaisses et des plus denses.

Ainsi qu'il vient d'être dit, les fumées des divers feux, plus légères que l'air des régions basses, s'élèveront jusqu'à ce qu'elles rencontrent une couche de l'atmosphère qui leur soit égale en densité.

A cet endroit, elles resteront stationnaires ou se promèneront à cette hauteur sans beaucoup changer de place : car, si l'on a craint la gelée, c'est qu'il ne faisait pas de vent ou du moins très-peu. Elles s'attireront même réciproquement, se rejoindront et formeront au-dessus des terres, où elles se trouveront ainsi réunies, un véritable nuage, suffisant pour détourner le fléau.

Si l'on commençait les feux vers deux heures après minuit, par exemple, en les continuant jusqu'au lever du soleil, c'est-à-dire jusqu'au moment où la terre reçoit de la chaleur au lieu d'en perdre, il est évident que l'on conserverait aux plantes une température supérieure à zéro.

Il est aisé de comprendre que plus la matinée menacera d'être froide, plus aussi il faudra être soi-même matinal pour commencer d'allumer les feux.

Il nous a été objecté qu'on pouvait reprocher à la fumigation l'inconvénient de nécessiter, pour préserver toutes les vignes d'un même territoire, le concours de la majeure partie des vignerons du pays.

Nous demandons, en réponse à cette objection, quel est le propriétaire exploitant ou faisant valoir qui, pour s'assurer une récolte plus que compromise ne consacrera pas avec empressement, deux ou trois moitiés de nuits dans l'année ou bien qui ne sacrifiera pas quelques francs? Et puis, dans chaque vignoble il est des propriétés qui, par leur position topographique, ont une végétation précoce, d'autres où elle est retardée. La gelée de celles-là est à craindre plus tôt; celles-ci peuvent encore être attaquées par le fléau, alors que depuis quelque temps déjà il n'y a plus aucun danger sur les premières. Le vigneron a cette connaissance, et selon que la saison sera plus ou moins avancée, il fera ses feux dans la contrée seulement où il y aura à appréhender.

L'habitant des campagnes raisonne aujourd'hui, et certes, quand il s'agit d'intérêts de cette importance, on peut être certain qu'il ne reculera pas devant un dérangement de quelques heures; il sait très-bien que la prospérité de ses affaires et l'avenir de sa famille entière y sont sérieusement engagés.

Ce n'est donc pas de ce côté que se portent nos craintes; si nous avons peur que la cause de tous soit compromise, c'est qu'elle reste abandonnée à l'appréciation, au caprice de chacun.

Il nous parait indispensable qu'il y ait à la tête de la communauté une volonté dirigeante d'où émanent tous les ordres à exécuter.

Autrefois, alors que les grandes routes n'étaient point créées, ni les chemins vicinaux entretenus, il n'existait aucun commerce; les transactions se faisaient par échanges et sur le lieu même de la production.

Plus tard, le commerce s'imposant à l'homme, on a compris qu'il fallait avant tout percer des routes, et *forcer* l'habitant des campagnes à entretenir les chemins; on a ordonné les *corvées*.

Pourquoi, quand on sera assuré que la fumée préserve réellement de la gelée blanche, ne grèverait-on pas le vigneron d'une sorte de prestation.

La question est capitale, surtout pour certains vignobles de la Hte-Marne, qui sont si sujets à la gelée; car, si elles continuent à faire leur apparition dans nos contrées, la ruine générale est inévitable. Nous entrons, au contraire, dans une ère d'abondance, si nos récoltes en sont à jamais préservées.

En attendant que dans chaque vignoble l'administration municipale prenne elle-même l'initiative d'une mesure aussi utile, nous pensons que nos motifs de craintes sont écartés par le conseil que nous donnons, de former, dans chaque commune, une société ayant sa commission et son président, nommés par tous ses membres; les attributions et les devoirs de chacun sont suffisamment détaillés dans les statuts que nous avons préparés et qui se trouvent à la fin de cette brochure.

Le moyen qui vient d'être exposé remplit entièrement le but que nous nous sommes proposé si, n'occasionnant que de faibles dépenses, il préserve réellement et efficacement de la gelée blanche.

Or, rien n'est moins coûteux que quelques bottes de paille, de la mousse, etc.......

Voilà pour la dépense.

Quant à préserver la vigne, par la fumigation, des désastres de la gelée, nous devons dire que nous avons fait plusieurs expériences qui, toutes, nous ont donné des résultats tout-à-fait satisfaisants.

Le soleil finit toujours par avoir raison de ces gelées tardives; aussi, comme nous l'avons déjà dit, ne se produisent-elles que deux et rarement trois matinées de suite. Il y aura donc peu de dérangement pour le vigneron.

Voici, du reste, comme nous avons opéré:

Après avoir choisi, dans une vallée, deux points éloignés de 300 mètres, nous avons placé à chacun d'eux, un thermomètre *minima*. De cette manière, nous pouvions, sans dérangement aucun, comparer les températures les plus basses de ces deux points, et nous assurer s'il y avait entr'elles, une différence sensible.

L'un, que nous désignerons par A, se trouvait au levant de l'autre, B, qui était à son couchant.

Pendant une dizaine de jours, nous avons régulièrement noté, un quart d'heure environ avant le lever du soleil, les indications thermométriques.

La moyenne de ces annotations, toutes prises dans des nuits calmes et sans nuages, nous a donné presqu'un degré de froid de moins au point A qu'au point B.

Enfin, dans la nuit du 17 au 18 octobre 1869, vers 3 heures du matin, par un beau clair de lune, nous nous sommes rendu, avec plusieurs personnes, près des thermomètres qui marquaient, savoir : celui A + 2° et l'autre B + 3°. Comme on le voit cette différence de température se trouvait précisément être la même que dans les premières expériences.

Le temps était brillant d'étoiles, le vent à peine sensible, les girouettes indiquaient cependant qu'il venait du Nord-Ouest. Nous en étions d'autant plus satisfait, que c'est presque toujours celui qui gèle la vigne au printemps.

Nous avons commencé des feux autour, et à une vingtaine de mètres du thermomètre A, avec de la paille d'avoine dont nous avions préalablement mouillé une bonne partie; nous l'avons choisie parce qu'elle nous a semblé, étant la moins sèche, devoir procurer le plus de fumée.

Au bout d'une demi-heure, planait au-dessus de ce thermomètre, un véritable nuage de 60 à 80 mètres, en carré. En raison du froid qui devenait vif, il s'est même encore étendu davantage dans la suite. Ce à quoi nous ne nous attendions pas, c'est qu'il s'est formé à peine à 8 ou 10 mètres du sol. Cette couche vaporeuse qui pouvait avoir de 1 mètre à 1 mètre 50 c. d'épaisseur, avait beaucoup de similitude avec ces épais brouillards qui ,en automne, se condensent quelquefois pendant la nuit, un peu au-dessus des rivières ou des fleuves, et qui sont surtout visibles le matin, avant le lever du soleil.

Comme le peu d'air qu'il faisait entraînait la fumée plutôt du côté du Sud-Est, cette dernière s'éloignait par conséquent du thermomètre B, qui n'en recevait aucune influence.

Nous avons conservé les feux jusqu'à 6 heures un quart. A ce moment, le ciel s'est subitement couvert. Le thermomètre, objet de nos expériences, était à + 2° ; aucune plante n'était gelée à cet endroit. Depuis 3 heures du matin, il n'avait donc baissé que d'un degré ; l'autre, qui toute la nuit avait été soumis au rayonnement nocturne, notait — 3° 1/2. Du commencement des feux au jour, il avait conséquemment descendu de 5° 1/2.

Dans cet intervalle, nous avons voulu nous assurer en visitant les thermomètres, si le résultat désiré allait être obtenu. Il nous a été ainsi facile de constater que les feuilles ont commencé à givrer, vers 4 heures 3/4 aux environs du thermomètre B. Avec une telle intensité de froid, cette seule fumée a donc conservé à la terre 4° 1/2 d'une chaleur qu'elle aurait évidemment perdue sans notre épreuve.

Mais ce résultat qui se manifeste cependant avec toute l'éloquence des chiffres, eût certainement été plus décisif encore, si les feux avaient été allumés dans toute la contrée de vignes.

En effet, la terre émet des rayons calorifiques dans toutes les directions ; ceux lancés verticalement et au-dessus du thermomètre A, auront dans notre essai été réfléchis par la fumée ; mais ceux dirigés plus ou moins obliquement et qui n'auront pas frappé notre nuage artificiel, dont l'étendue était relativement petite, continueront à rayonner dans l'espace, et la température de la terre diminuera d'autant.

D'après cette observation, plus les feux seront nombreux, moins les plantes perdront de leur chaleur.

Il ne doit donc plus y avoir pour personne le moindre doute sur l'efficacité de la fumigation qu'on pourra, du reste, employer , non-seulement pour la vigne, mais dans le nord de la France, pour les navettes, les colzas, et enfin pour toutes les plantes utiles et de grande culture, dont les récoltes sont sujettes à geler au printemps.

Pour dire ici toute notre pensée, nous affirmons que si on le veut, la gelée est désormais vaincue.

Si l'atmosphère était suffisamment agitée pour disperser la fumée ou si le rayonnement n'était pas assez rapide pour la condenser, l'expérience nous a prouvé que c'est que la gelée ne pouvait avoir lieu.

On en serait alors pour un simple dérangement et pour quelques bottes de paille consumées.

Mais les véritables praticiens y seront rarement pris: ils devinent aussi bien la gelée qu'ils la craignent.

Les personnes d'observation font la remarque que le fléau ménage entièrement une année, certaines contrées de vignes, qui précisément étaient les plus atteintes les années précédentes.

Cette bizarrerie, plus apparente que réelle, peut s'expliquer ainsi :

Il arrive souvent que les gelées sévissent après les pluies mélangées de neige ou de grêle, qu'on nomme *giboulées de Mars* et qui sont quelquefois retardées jusque dans la seconde quinzaine d'avril.

Alors, la terre se refroidit davantage dans les cantons où ces ondées froides sont tombées en plus grande quantité ; car, en même temps qu'elle rayonne comme partout ailleurs, elle cède aussi beaucoup de sa chaleur aux grêlons qu'elle a fait fondre.

Une pluie ordinaire tombée quelques jours avant l'apparition d'une gelée, augmente également le danger à l'endroit de sa chute.

La raison en est que,pour se vaporiser, tout liquide absorbe une certaine quantité de chaleur, qui devient considérable si l'évaporation est rapide.

Ceci explique pourquoi il gèle plus fort sur une propriété, bêchée la veille ou l'avant-veille d'une matinée froide.

Relevons, pour terminer, la croyance erronée où se trouvent beaucoup de personnes ; elles prétendent que la seule action du soleil levant, faisant subitement changer la température des plantes, a pour effet de les faire geler. C'est une grave illusion ; nos observations nous ont toujours démontré le contraire.

Nous sommes à même de pouvoir avancer en toute certitude, que tout ce qui est gelé, quand le soleil apparaît, est perdu sans remède, que les plantes atteintes soient ou non cachées ensuite. Il y a seulement cette différence, que si le soleil se montre après une matinée givrée, le mal s'aperçoit au bout de quelques heures, tandis qu'il n'est sensible que le lendemain ou même le surlendemain, si le ciel se charge de nuages.

Il suffit, du reste, pour s'en convaincre, de se rappeler ce qui a été dit plus haut, au sujet de la désorganisation des ligaments opérée sur les jeunes pousses, par suite de la rosée congelée.

PROJET DE STATUTS

D'UNE SOCIÉTÉ

à fonder dans chaque pays vignoble

Notre brochure devrait être terminée ici ; mais répétons que, pour rendre notre moyen pratique, il nous a paru indispensable de créer une société dans chaque commune, surtout pour nos pays, où la propriété est tellement morcelée qu'il est pour ainsi dire impossible de la diviser davantage.

Nous avons en conséquence comme spécimen reproduit des statuts que nous avons arrangés et appropriés selon les besoins de notre cause.

Voici, du reste, les divers articles dont ils se composent :

BUT DE LA SOCIÉTÉ

ARTICLE 1er. — Il est formé à.......une Société qui a pour but, au moyen de la fumigation, de préserver les vignes de ce territoire, de la gelée blanche au moment de la pousse.

Son siége est aud.....

Elle prend le nom de....

ART. 2. — Feront partie de cette Société, tous les propriétaires-vignerons, exploitant ou faisant exploiter, qui voudront se faire inscrire sur un registre à ce destiné.

La demande se fera par écrit et sera adressée au Président.

ART. 3. Les personnes autres que les vignerons qui, dans un sentiment de philantropie, désireraient faire partie de cette société, se feront inscrire comme membres honoraires.

ART. 4.—Le prix de la cotisation annuelle est de .... francs et par sociétaire, payables dans le mois de son inscription.

Celui dû par les membres honoraires, est fixé à .... francs.

ART. 5. — Les personnes domiciliées en dehors de la commune, mais qui auraient des propriétés sur son territoire, pourront faire partie de la société : leur cotisation sera de ... fr.

ART. 6. — L'année financière court à partir du 1er avril, quelle que soit l'époque de la réception.

Toute démission, pour être valable devra être donnée au moins un mois avant l'époque sus-indiquée.

ART. 7. Tout membre pourra être exclu de la Société pour toutes causes graves, dont l'appréciation est abandonnée à la Commission.

ART. 8. Tout membre qui ne versera pas le montant de sa cotisation dans les délais convenus, pourra y être contraint par toutes les voies de droit.

ADMINISTRATION DE LA SOCIÉTÉ

ART. 9. — L'administration de la Société est confiée à une commission de six membres tous élus par l'assemblée générale : elle sera nommée chaque année le 22 janvier, jour de St-Vincent.

Elle se compose :

1° D'un président ;
2° D'un vice-président ;
3° D'un secrétaire ;
4° D'un trésorier ;
5° Et de deux membres.
Tous sont nommés pour un an, mais peuvent être réélus.

ART. 10. — La commission, convoquée par son président, se réunit une fois par an le 1er mars et aussi chaque fois qu'il en est nécessaire.

ART. 11. — Elle veille au maintien et à l'exécution des statuts elle décide toutes les questions touchant l'administration de la société, et inflige les amendes aux sociétaires qui n'auraient pas observé rigoureusement les présents statuts

ART. 12. — Les délibérations de la commission sont prises à la majorité des voix ; en cas de partage, celle du président est prépondérante.

Ces délibérations ne seront valables qu'autant que 4 membres y auront pris part.

ART. 13. — Elles seront inscrites sur un registre à ce destiné et seront signées par le président et le secrétaire.

ART. 14.—A partir du 1er avril et jusqu'au 1er juin de chaque année, un thermomètre-minima appartenant à la société restera exposé à ciel ouvert dans un endroit choisi *ad hoc*. Il sera consulté plusieurs fois dans les nuits où l'on aura à craindre la gelée.

Les variations thermométriques indiqueront suffisamment s'il y a ou non danger.

ART. 15. — La commission fixe et détermine à l'avance les points où l'on devra faire les feux ; ils seront indiqués sur un registre et désignés par des numéros d'ordre.

DU PRÉSIDENT

ART. 16 — Il préside les réunions de la commission et les assemblées ;

Il représente la société partout où besoin est ;
Il assure l'exécution de toutes décisions légalement prises;
Il poursuit et défend les droits de la société devant toutes juridictions après y avoir été autorisé par la commission;
Il prescrit et autorise toutes dépenses, conjointement avec cette dernière;
Il ordonnance les paiements ;
Il a la police des assemblées ;
Il réunit la commission vers 10 heures du soir, la veille d'une gelée présumée, et si les indications du thermomètre sont telles que le fléau menace, il fait prévenir tous les membres pour allumer les feux dans la nuit même et à l'heure indiquée par la commission;
Il assigne à chaque sociétaire le point où il devra se placer pour pratiquer la fumigation, dans les nuits où ce travail aura été jugé nécessaire.
Cet endroit pour chaque membre sera nécessairement dans la contrée où il a le plus de propriétés.

DU SECRÉTAIRE

ART. 17. — Il est chargé sous la direction du président :
De la tenue du tableau des sociétaires et de tous procès-verbaux ; de la correspondance, des convocations et des annonces;
Il contresigne tous les actes et documents concernant la société ;
Il est dépositaire des registres et archives de la société dont il tient inventaire.

DU TRÉSORIER

ART. 18. — Il perçoit les cotisations et amendes et encaisse toutes autres recettes de la société ;
Il effectue tous mandats signés par le Président et le secrétaire ;
Il achète, pour le compte de la société, la quantité de paille ou autre denrée fixée par la commission.
Elle est rentrée par ses soins dans le local à ce destiné ;
Il rend compte de tous retards d'encaissements ;
Il tient un registre de comptabilité et présente chaque année, avant le 22 janvier, ses comptes appuyés de pièces justificatives à la commission qui les approuve et lui donne décharge.
Sur un bon du président,
Il délivre à chaque sociétaire la quantité de matière inflammable qui lui est nécessaire.

AMENDES

ART 19. — Seront frappés d'amende d'un à cinq francs, les sociétaires qui prévenus la veille d'une gelée présumée, d'avoir à pratiquer la fumigation, ne se seront pas, sans motif reconnu légitime, rendus à cette injonction.

BUDGET

ART. 20. — L'actif social se compose du produit des cotisations, des allocations et des dons qui pourront être faits à la société.

ART. 21. — Ces fonds seront employés au paiement :
1° De l'achat de paille ou autres denrées ;
2° De la location d'un local pour les placer ;

3° Des personnes employées par la commission le jour d'une gelée en remplacement de certains sociétaires qui ne répondraient pas à l'appel qui leur serait fait.

DISPOSITIONS GÉNÉRALES

Art. 22. — La société célèbre chaque année la St-Vincent par un banquet libre.

La commission fixe la cotisation.

Une liste de souscription est ouverte par les soins du secrétaire à partir du premier janvier de chaque année; elle est close le 15 du même mois.

La police y est faite par le président.

Art. 23. — La quantité de paille sera fixée par l'assemblée générale ; elle sera achetée et rentrée par les soins du trésorier pour le 15 mars de chaque année.

Celle dont on ne se sera pas servi sera vendue à l'amiable par la commission; la vente sera annoncée au moins 8 jours à l'avance dans la localité.

Les membres de la société pourront s'en rendre adjudicataires.

A..................le..................187......

(Signatures)

Vu et approuvé
par le Préfet,

Saint-Dizier. — Typographie O. Saupique

www.ingramcontent.com/pod-product-compliance
Ingram Content Group UK Ltd.
Pitfield, Milton Keynes, MK11 3LW, UK
UKHW021041180726
13838UKWH00004B/1940